U0187803

生鲜乳
质量安全监测工作指南

◎ 刘慧敏　郑　楠　等 编著

中国农业科学技术出版社

图书在版编目（CIP）数据

生鲜乳质量安全监测工作指南 / 刘慧敏等编著 . -- 北京：
中国农业科学技术出版社，2021.10

ISBN 978-7-5116-5496-0

Ⅰ . ①生… Ⅱ . ①刘… Ⅲ . ①鲜乳—质量管理—安全
监测—指南 Ⅳ . ① TS252.7-62

中国版本图书馆 CIP 数据核字（2021）第 185783 号

责任编辑　金　迪
责任校对　马广洋
责任印制　姜义伟　王思文

出 版 者　中国农业科学技术出版社
　　　　　北京市中关村南大街 12 号　　邮编：100081
电　　话　（010）82109705（编辑室）（010）82109702（发行部）
　　　　　（010）82109709（读者服务部）
传　　真　（010）82106643
网　　址　http://www.castp.cn
经 销 者　各地新华书店
印 刷 者　北京建宏印刷有限公司
开　　本　148mm×210mm　1/32
印　　张　1.75
字　　数　31.6 千字
版　　次　2021 年 10 月第 1 版　2021 年 10 月第 1 次印刷
定　　价　36.00 元

《生鲜乳质量安全监测工作指南》

编委会

主　　任	杨振海	
副 主 任	魏宏阳　　王加启	
委　　员	卫　琳　　郑　楠　　孙永健　　周振峰	

编著人员

主 编 著	刘慧敏	郑　楠		
副主编著	卫　琳	郝欣雨	孟　璐	叶巧燕
参编人员	张养东	赵圣国	宫慧姝	孙永健
	迟雪露	王　鹏	屈雪寅	丛慧敏
	张　进	李　琴	柳　梅	郭梦薇
	钟建萍	郭洪侠	程明轩	董　蕾
	单吉浩	夏双梅	胡　菡	赵艳坤
	刘　莉	张玉卿	高亚男	

前言 PREFACE

　　奶业是食品安全的代表性产业，更是关系国计民生的战略性产业。党中央、国务院高度重视奶业发展和乳品质量安全，习近平总书记、李克强总理多次做出重要批示。

　　2012年以来，农业农村部连续开展生鲜乳质量安全监测工作，主要对北京、天津、内蒙古、河北等全国30个省（自治区、直辖市）的生鲜乳收购站和生鲜乳运输车开展现场检查和指标检测，客观科学地评估我国生鲜乳质量安全状况，为政府决策提供了强有力的数据支撑。

　　《生鲜乳质量安全监测工作指南》正是立足于我国生鲜乳质量安全监测工作的科学开展，从总体概况、抽样工作、现场检查、检测工作、质量控制、结果上报、系统使用和工作纪律八个方面进行了详细解读。编写本指南仅为从事生鲜乳质量安全监测工作的相关人员，科学开展我国生鲜乳质量安全监测工作，客观评估我国奶业状况，提供一些帮助和参考。不足之处，请批评指正。

编著者

2021.9.23

CONTENT

第三章　现场检查 // 11

第四章　检测工作 // 25

第五章　质量控制 // 31

第一章　总体概况

1　生鲜乳质量安全监测工作的文件依据

答：《乳品质量安全监督管理条例》《生鲜乳生产收购管理办法》《农产品质量安全监测管理办法》《农业部办公厅关于印发〈乳品质量安全监督管理条例〉有关证书格式的通知》《农业部办公厅关于印发〈生鲜乳生产收购记录和进货查验制度〉等三项制度的通知》《农业部关于印发〈生鲜乳收购站标准化管理技术规范〉的通知》《农业部畜牧业司关于运行生鲜乳收购站管理系统的通知》以及历年生鲜乳质量安全监测计划等。

2　生鲜乳质量安全监测工作总体情况

答：为贯彻落实《乳品质量安全监督管理条例》，农业部（现农业农村部）自2009年起开展生鲜乳质量安全监测工作，即实施"生鲜乳质量安全监测计划"。监测省份包含北京、天津、河北等全国30个省（自治区、直辖市）及新疆生产建设兵团。2009—2020年累计抽检生乳样品约

25 万批次，做到生鲜乳收购站和运输车年度监测全覆盖，我国生鲜乳质量安全得到了显著提升。

3　生鲜乳质量安全监测工作样品基质及抽检对象

答：生鲜乳质量安全监测工作抽检样品仅为生鲜乳。《生鲜乳生产收购管理办法》第二条规定，生鲜乳是指未经加工的奶畜原奶。

生鲜乳质量安全监测工作抽检对象为生鲜乳收购站和生鲜乳运输车。

生鲜乳收购站是生鲜乳集中收购、销售的场所。《乳品质量安全监督管理条例》第二十条规定，生鲜乳收购站应当由取得工商登记的乳制品生产企业、奶畜养殖场、奶农专业生产合作社开办。必须取得所在地县级人民政府畜牧兽医主管部门颁发的生鲜乳收购许可证。《生鲜乳生产收购管理办法》第十七条规定，省级人民政府畜牧兽医主管部门应当根据当地奶源分布情况，按照方便奶畜养殖者、促进规模化养殖的原则，制定生鲜乳收购站建设规划，对生鲜乳收购站进行科学合理布局。

生鲜乳运输车只能用于运输生鲜乳和饮用水，不得运输其他物品。《乳品质量安全监督管理条例》第二十五条规定，生鲜乳运输车辆应当取得所在地县级人民政府畜牧兽医主管部门核发的生鲜乳准运证明，并随车携带生鲜乳交接单。

4　生鲜乳收购站发证要求

答：《乳品质量安全监督管理条例》规定，生鲜乳收购站发证要求，一是生鲜乳收购站开办主体为取得工商登记的乳制品生产企业、奶畜养殖场或奶农专业生产合作社；二是符合生鲜乳收购站建设规划布局；三是有符合环保和卫生要求的收购场所；四是有与收奶量相适应的冷却、冷藏、保鲜设施和低温运输设备；五是有与检测项目相适应的化验、计量、检测仪器设备；六是有经培训合格并持有有效健康证明的从业人员；七是有卫生管理和质量安全保障制度。生鲜乳收购许可证有效期2年，生鲜乳收购站不再办理工商登记。禁止其他单位或者个人开办生鲜乳收购站。禁止其他单位或者个人收购生鲜乳。

5　生鲜乳运输车发证要求

答：《生鲜乳生产收购管理办法》规定，生鲜乳运输车发证要求，一是奶罐隔热、保温，内壁由防腐蚀材料制造，对生鲜乳质量安全没有影响；二是奶罐外壁用坚硬光滑、防腐、可冲洗的防水材料制造；三是奶罐设有奶样存放舱和装备隔离箱，保持清洁卫生，避免尘土污染；四是奶罐密封材料耐脂肪、无毒，在温度正常的情况下具有耐清洗剂的能力；五是奶车顶盖装置、通气和防尘罩设计合理，防止奶罐和生鲜乳受到污染。

 6 生鲜乳质量安全监测工作检测指标选择依据

答：依据卫生部（现称"卫生健康委员会"）发布的"食品中可能违法添加的非食用物质和易滥用的食品添加剂名单"选取了三聚氰胺、碱类物质、硫氰酸钠、β-内酰胺酶4项可能违法添加指标。

依据《食品安全国家标准　生乳》（GB 19301—2010）（以下简称《生乳》）产品标准，选取了蛋白质、脂肪、冰点、酸度、杂质度、相对密度、非脂乳固体7项理化指标，铅、铬、汞、砷4项污染物指标，黄曲霉毒素 M_1 1项霉菌毒素指标，菌落总数1项微生物指标。

《食品安全国家标准　生乳》产品标准的征求意见稿拟增加体细胞的限量要求。国际上美国、欧盟、新西兰等国家和地区对生鲜乳中体细胞数均有限量要求。体细胞数是衡量奶牛乳房健康和乳品质量的一项重要指标，当奶牛乳房受到感染或伤害时，生鲜乳中体细胞数会明显增加。体细胞数越高，生鲜乳中致病菌和抗生素残留的污染风险越大，对人类健康的危害也越大。因此本项目中增加体细胞数指标。

苯甲酸是重要的酸型食品防腐剂，在酸性条件下防腐性能最强，对霉菌、酵母和细菌均有抑制作用。因此，生鲜乳中存在人为添加苯甲酸防止其腐败变质的可能性。生鲜乳质量安全监测工作增加苯甲酸指标，评估生鲜乳中是否人为添加苯甲酸。

第二章　抽样工作

7　生鲜乳抽样方法

答：从生鲜乳收购站或生鲜乳运输车的储奶罐采集样品，储奶罐有机械式搅拌装置时，提前打开搅拌装置搅拌至少 5 min。储奶罐没有机械搅拌设备时，采用人工搅拌器探入罐底，采取从下至上的方式搅拌 30 次以上。样品充分混匀后，用液态乳铲斗从表面、中部、底部三点采样，每个点采集 1 L。将三点采集到的样品混合至 4 L 洁净、干燥、密封性良好的容器中，充分混合均匀后分装成 3 份。

8　生鲜乳抽样要求

答：抽取样品应具有代表性、真实性。承担单位应与当地畜牧兽医部门共同完成抽样，不得接受受检单位的留样或送检的样品。

任务单位应根据监测计划研究制定抽样方案，并在每次抽样前组织抽样人员进行相关法律、法规、抽样方案、抽样技术、工作纪律等内容的学习。每批样品的抽样人员不得少于两人。

抽样人员应严格按照抽样程序进行抽样、分样、封样、编号及留样。用于密封的封条上必须包含抽样日期、两名抽样人员及受检人签字，并且保证封条有效性，抽样人员应保证样品的有效性，防止污染及变质。

9 抽样份数及抽样量

答：每批次样品分装成 3 份，1 份留给受检单位保存 60 天，2 份送抵检测单位，1 份用于检测，1 份用于留样复议。为了防止样品反复冻融影响检测结果，用于检测的 1 份样品可均匀分装成多个平行样品，且每个平行样品均要进行封样，必要时检测单位需将 1 个平行样品送至复核单位。

10 样品储存条件

答：生鲜乳样品采集后采用保温箱冷媒运输。运输过程中保持保温箱内温度不高于 4℃，24 h 内送抵检测单位，应尽快检测。如果不能保证 24 h 内抵达，应利用当地制冷设备保存，确保样品不变质。留给受检单位的样品应要求其 −20℃冷冻保存。

11　抽样单填写要求

答：抽样人员应在现场填写抽样单。抽样单信息经双方确认无误后在抽样单上共同签章（名），其中抽样人签字必须为两名。抽样单为三联单，第一联由抽样单位保存，第二联连同抽取的样品交受检单位留存，第三联交当地畜牧兽医部门留存。

抽样单中抽样量应填写样品采集容量，填写格式为：采样量 × 样品份数，如：150 mL × 3。抽样基数应填写采集样品时，生鲜乳收购站或运输车贮奶罐中生鲜乳实际贮存或承运吨数。如：1 t。

12　如何做到生鲜乳收购站全覆盖

答：农业农村部采用奶业监管平台动态管理各省生鲜乳收购站和生鲜乳运输车。为保证监测工作覆盖抽检省份全部生鲜乳收购站，任务单位开展抽样前，应向项目牵头单位索要抽检省份现有奶站清单，按照清单逐一抽检，保证奶站全覆盖。地处偏远的奶站无法进行抽样时，可对其运输车进行抽检，溯源至奶站，保证覆盖率。

生鲜乳收购站和生鲜乳运输车抽检比例为 1∶1

答： 生鲜乳质量安全监测工作要求，生鲜乳收购站和生鲜乳运输车的抽检比例为 1∶1。部分省份生鲜乳收购许可证设立在乳企，奶站数量远远小于运输车数量，可以根据实际情况进行适当调整。

 跨省运输车辆是否参加抽检

答：《农业农村部畜牧兽医局关于开展 2021 年生鲜乳质量安全监测和监督抽查工作的通知》（农牧便函〔2021〕144 号）文件规定，跨省营运的生鲜乳运输车，受发证地和营运地"双重属地"管理。故跨省运输车辆可以被抽检。

 收购许可证或准运证明未纳入奶业监管系统

答： 任务单位抽样时，如发现受检奶站的收购许可证或运输车的准运证明未在奶业监管系统时，应对相关证件进行拍照，并向所在地区奶业主管部门确认该证件的真实性。如真实有效，任务单位需督促奶业主管部门尽快将相关信息录入奶业监管系统。如受检车辆为跨省运输车辆，任务单位应提示奶业主管部门通过文件形式向发证省份核实证件真伪。如经核实证件无效，任务单位需以文件形式将不合格证件情况报送牵头单位。

第三章　现场检查

 16　"生鲜乳收购站标准化管理现场检查单"条文解释

（1）"第 1 条　生鲜乳收购许可证，验证当地畜牧兽医主管部门颁发的生鲜乳收购许可证的有效性"的条文解释

答：检查生鲜乳收购站有收购许可证，且收购许可证在有效期内。

《生鲜乳生产收购管理办法》第二十条规定，生鲜乳收购许可证有效期 2 年。有效期满后，需要继续从事生鲜乳收购的，应当在生鲜乳收购许可证有效期满 30 日前，持原证重新申请。

（2）"第 2 条　生鲜乳收购站开办主体，查验生鲜乳收购证原件或复印件，检查开办主体是否为取得工商登记的乳制品生产企业、奶畜养殖场或奶农专业生产合作社"的条文解释

答：检查生鲜乳收购许可证的开办单位是否有营业执照，是否属于乳制品生产企业、奶畜养殖场或奶农专业生产合作社的其中一类。

《乳品质量安全监督管理条例》第二十条规定，生鲜乳收购站应当由取得工商登记的乳制品生产企业、奶畜养殖场、奶农专业生产合作社开办。

（3）"第3条 生鲜乳的制冷与储存，挤奶后2 h，贮存生鲜乳的容器温度应降至0~4℃，并有相关记录"的条文解释

答：检查生鲜乳收购站储奶罐温度表上显示的数值，是否为0~4℃。

《乳品质量安全监督管理条例》第十八条规定，生鲜乳应当冷藏。超过2 h未冷藏的生鲜乳，不得销售。第二十五条规定挤奶后2 h内应当降温至0~4℃。

（4）"第4条 有毒、有害化学品管理，站内许可使用的化学物质和产品应专人加锁保管，单独存放，挤奶厅、贮奶间不得堆放任何化学物品"的条文解释

答：检查挤奶厅和贮奶间是否有任何化学物质。

农业部关于印发《生鲜乳收购站标准化管理技术规范》的通知中条文7.7规定挤奶厅、贮奶间只能用于生产、冷却和贮存生鲜乳，不得堆放任何化学物品和杂物；条文7.8规定站内许可使用的化学物质和产品应存放在不会对生鲜乳造成直接或间接污染的位置。

（5）"第5条 生鲜乳交接单，收购站应保留每天的生鲜乳交接单，且内容填写真实完整，签字规范"的条文解释

答：检查生鲜乳收购站是否有交接单，且交接单信息

真实完整，签字规范。

《乳品质量安全监督管理条例》第二十五条规定，交接单应当载明生鲜乳收购站的名称、生鲜乳数量、交接时间，并由生鲜乳收购站经手人、押运员、司机、收奶员签字。生鲜乳交接单一式两份，分别由生鲜乳收购站和乳品生产者保存，保存时间2年。交接单式样由省、自治区、直辖市人民政府畜牧兽医主管部门制定。《生鲜乳生产收购管理办法》第三十条规定，生鲜乳交接单应当载明生鲜乳收购站名称、运输车辆牌照、装运数量、装运时间、装运时生鲜乳温度等内容。

(6)"第6条　建设位置，应建在养殖场（小区）的上风处或中部侧面，距离牛舍50～100 m，有专用的运输通道，不可与污道交叉"的条文解释

答：检查生鲜乳收购站的建设位置是否处于养殖场的上风处或中部侧面，距离牛舍50～100 m，运输通道是否与污道交叉。

农业部关于印发《生鲜乳收购站标准化管理技术规范》的通知中条文1.2规定，建在养殖场（小区）的生鲜乳收购站应建在场区的上风处或中部侧面，距离牛舍50 m以上，应有专用的运输通道，不能和污道交叉，避免运奶车直接进出生产区。

(7)"第7条　功能区划分，应设有挤贮奶厅、待挤区、设备室、贮奶厅、更衣室、化验室、办公室等区域"的条文解释

答：检查奶站是否设有功能区。

农业部关于印发《生鲜乳收购站标准化管理技术规范》的通知中条文 1.3 规定，机械挤奶的生鲜乳收购站应有消毒区、待挤区、挤奶厅、贮奶间、化验室、设备间、更衣室、办公室等设施。其他生鲜乳收购站应有收奶厅、贮奶间、化验室、设备间、更衣室、办公室等设施。

（8）"**第 8 条　收奶量配套的收购能力，有与收奶量相适应的冷却、冷藏、保鲜设施设备**"的条文解释

答：检查生鲜乳收购站是否有贮奶罐，贮奶罐是否符合国家有关要求。

《乳品质量安全监督管理条例》第二十条规定，生鲜乳收购站应有与收奶量相适应的冷却、冷藏、保鲜设施和低温运输设备。《生鲜乳生产收购管理办法》第二十五条规定，贮存生鲜乳的容器，应当符合散装乳冷藏罐国家标准。农业部关于印发《生鲜乳收购站标准化管理技术规范》的通知中条文 2.3 规定，贮奶罐应采用光滑、非吸湿性、抗腐蚀、无毒的材料制成，保温层厚度不低于 50 mm，密封良好，内设搅拌装置。

（9）"**第 9 条　化验检测能力，有与检测项目相适应的化验、计量、检测仪器设备，并有化验记录**"的条文解释

答：检查生鲜乳收购站是否有化验室，化验室内设有相关检测仪器，每批次生鲜乳均有化验记录。

《乳品质量安全监督管理条例》第二十条规定，生鲜乳

收购站应有与检测项目相适应的化验、计量、检测仪器设备。《生鲜乳生产收购管理办法》第二十二条规定，生鲜乳收购站应当按照乳品质量安全国家标准对收购的生鲜乳进行感官、酸度、密度、含碱等常规检测。《生鲜乳生产收购记录和进货查验制度》第十一条规定，生鲜乳收购站收购生鲜乳，应当按照现行标准或规范进行生鲜乳的抽样和留样，并按照《生乳》[①]国家标准进行酸度、密度、含碱等常规检测，并填写《生鲜乳收购记录》《生鲜乳检测记录》和《生鲜乳留样记录》。

（10）"第 10 条　挤奶制度，应在挤奶厅公示挤奶卫生、操作制度与责任制等制度"的条文解释

答：仅对有挤奶设备的收购站进行判定，检查生鲜乳收购站挤奶厅或贮奶间墙面上是否公示了挤奶卫生、操作制度和责任制度等内容。

农业部关于印发《生鲜乳收购站标准化管理技术规范》的通知中条文 6.1 规定，生鲜乳收购站应建立完善的管理制度，至少应包括卫生保障、质量安全保障、挤奶操作规程、化学品管理等。

（11）"第 11 条　挤奶厅环境，应干净、无粪尿，挤奶区、贮奶间墙面与地面应进行防水防滑处理"的条文解释

答：仅对有挤奶设备的收购站进行判定，检查挤奶厅

---

① 《食品安全国家标准　生乳》简称《生乳》，全书同。

环境是否干净、整洁、无粪尿，贮奶间墙面与地面有防水防滑处理。

农业部关于印发《生鲜乳收购站标准化管理技术规范》的通知中条文 1.10 规定，生鲜乳收购站内的地面应采用防渗、防滑、耐压材料，设一个或多个排水口，防止积水。墙壁应有瓷砖墙裙。条文 7.3 规定挤奶厅与相关设施在每班次牛挤奶后应彻底清扫干净，用高压水枪冲洗，并进行喷雾消毒。奶桶、奶杯等每班次专用，用后彻底消毒和清洗。

（12）"第 12 条　挤前 3 把奶的容器，应有挤前 3 把奶的容器，挤奶时专门使用"的条文解释

答：仅对有挤奶设备的收购站进行判定，检查挤奶前 3 把奶是否有专用容器。

农业部关于印发《生鲜乳收购站标准化管理技术规范》的通知中条文 5.3 规定，手工将头 2～3 把奶挤到专用容器中，检查是否有凝块、絮状物或水样物，乳样正常的牛方可上机挤奶。乳样异常时应及时报告兽医，并对该牛只单独挤奶，单独存放，不得混入正常生鲜乳中。

（13）"第 13 条　挤奶、输奶器具的清洗，挤奶、输奶器具管状物应清洁，无污垢"的条文解释

答：仅对有挤奶设备的收购站进行判定，检查挤奶、输奶器具是否清洁无污垢。

《乳品质量安全监督管理条例》第十七条规定，奶畜养殖者对挤奶设施、生鲜乳贮存设施等应当及时清洗、消毒，

避免对生鲜乳造成污染。《生鲜乳生产收购管理办法》第十三条规定，奶畜养殖者对挤奶设施、生鲜乳贮存设施等应当在使用前后及时进行清洗、消毒，避免对生鲜乳造成污染，并建立清洗、消毒记录。农业部关于印发《生鲜乳收购站标准化管理技术规范》的通知中条文 7.4 规定，应严格按照设备清洗规程对挤奶、贮奶设备进行清洗、消毒，并保存有完整的清洗前后水温、冲洗时间、酸碱洗液浓度记录。如果清洗消毒后 96 h 未使用，再次使用前应重新清洗消毒。

（14）"第 14 条 挤奶机的维护，挤奶机应进行定期检测及维护，并有相关记录"的条文解释

答：仅对有挤奶设备的收购站进行判定，检查生鲜乳收购站是否有挤奶机维护记录。

农业部关于印发《生鲜乳收购站标准化管理技术规范》的通知中条文 2.6 规定设备维护，每天检查真空泵油量是否保持在要求的范围内；集乳器进气孔是否被堵塞；橡胶部件是否有磨损或漏气；检查套杯前与套杯后，真空表读数是否稳定；真空调节器是否有明显的放气声，以确认真空储气量是否充足；奶杯内衬 / 杯罩间是否有液体进入，以确认内衬是否有破裂，如有破损，应及时更换。

每周检查脉动率与内衬收缩状况；奶泵止回阀的工作情况。

每月检查真空泵皮带松紧度；脉动器是否需要更换；清洁真空调节器和传感器的工作状况；检查浮球阀密封情

况，确保工作正常，有磨损应立即更换；冲洗真空管、清洁排泄阀、检查密封状况。

年度检查由专业技术工程师每年定期对挤奶设备进行一次全面检修与保养。不同类型的设备应根据设备要求进行相应维护。

(15)"第15条 贮奶罐的管理，应有带制冷设备的贮奶罐，保持封闭状态，其辅助设备装置应清洁"的条文解释

答：检查生鲜乳收购站是否有贮奶罐，贮奶罐是否封闭清洁。

《乳品质量安全监督管理条例》第二十五条规定，贮存生鲜乳的容器，应当符合国家有关卫生标准，在挤奶后2 h 内应当降温至0~4℃。《生鲜乳生产收购管理办法》第二十五条规定，贮存生鲜乳的容器，应当符合散装乳冷藏罐国家标准。农业部关于印发《生鲜乳收购站标准化管理技术规范》的通知中条文2.3规定贮奶罐应采用光滑、非吸湿性、抗腐蚀、无毒的材料制成，保温层厚度不低于50 mm，密封良好，内设搅拌装置。

(16)"第16条 贮奶间（室）的管理，贮奶间（室）应干净整洁，没有杂物堆放，周边地面硬化无积水"的条文解释

答：检查生鲜乳收购站的贮奶间是否干净整洁、无杂物、无积水。

农业部关于印发《生鲜乳收购站标准化管理技术规范》

的通知中条文 7.7 规定，挤奶厅、贮奶间只能用于生产、冷却和贮存生鲜乳，不得堆放任何化学物品和杂物。

(17)"第 17 条 从业人员要求，应经相关培训合格并持有有效健康证明"的条文解释

答：检查生鲜乳收购站相关从业人员是否有有效期内的健康证明。

《乳品质量安全监督管理条例》第十七条规定，直接从事挤奶工作的人员应当持有有效的健康证明，第二十条规定，生鲜乳收购站有经培训合格并持有有效健康证明的从业人员。《生鲜乳生产收购管理办法》第十三条规定，直接从事挤奶工作的人员应当持有有效的健康证明，第十八条规定，生鲜乳收购站应向所在地县级人民政府畜牧兽医主管部门提交从业人员的培训证明和有效的健康证明。农业部关于印发《生鲜乳收购站标准化管理技术规范》的通知中条文 4.1 规定生鲜乳收购站的工作人员每年至少应体检一次，应有健康合格证。

(18)"第 18 条 生鲜乳收购站制度，应有卫生保障、质量安全保障、人员管理等较完善的管理制度"的条文解释

答：向生鲜乳收购站人员询问是否有卫生保障、质量安全保障、人员管理等较完善的管理制度。

《乳品质量安全监督管理条例》第二十条规定，生鲜乳收购站有卫生管理和质量安全保障制度。农业部关于印发《生鲜乳收购站标准化管理技术规范》的通知中条文 6.1 规

定生鲜乳收购站应建立完善的管理制度，至少应包括卫生保障、质量安全保障、挤奶操作规程、化学品管理等。

（19）"第 19 条　生鲜乳收购记录情况，应存留生鲜乳收购、销售、检测和不合格生鲜乳处理记录，且记录真实、完整，连续保存"的条文解释

答：检查生鲜乳收购站的生鲜乳收购、销售、检测和不合格生鲜乳处理记录。

《乳品质量安全监督管理条例》第二十二条规定，生鲜乳收购站应当建立生鲜乳收购、销售和检测记录。生鲜乳收购、销售和检测记录应当包括畜主姓名、单次收购量、生鲜乳监测结果、销售去向等内容，并保存 2 年。

《生鲜乳生产收购管理办法》第二十三条规定，生鲜乳收购站应当建立生鲜乳收购、销售和检测记录，并保存 2 年。生鲜乳收购记录应当载明生鲜乳收购站名称及生鲜乳收购许可证编号、畜主姓名、单次收购量、收购日期和时点。生鲜乳销售记录应当载明生鲜乳装载量、装运地、运输车辆牌照、承运人姓名、装运时间、装运时生鲜乳温度等内容。生鲜乳检测记录应当载明检测人员、检测项目、检测结果、检测时间。

《生鲜乳生产收购记录和进货查验制度》第十一条规定，生鲜乳收购站收购生鲜乳，应当按照现行标准或规范进行生鲜乳的抽样和留样，并按照《生乳》国家标准进行酸度、密度、含碱等常规检测，并填写《生鲜乳收购记录》《生鲜乳检测记录》和《生鲜乳留样记录》；第十二条规

定，生鲜乳收购站收购的生鲜乳应当符合《生乳》国家标准。不符合《生乳》国家标准的生鲜乳，经有资质的质检机构检测无误后，应当在当地畜牧兽医部门的监督下进行无害化处理，并填写《不合格生鲜乳处理记录》；第十三条规定，生鲜乳收购站向乳制品生产企业销售生鲜乳，应当填写《生鲜乳销售记录》。

（20）"第 20 条　收购站设备清洗记录，应存留挤奶、储存等设备设施清洗消毒记录"的条文解释

答：检查生鲜乳收购站挤奶、贮存等设备设施清洗记录。

《乳品质量安全监督管理条例》第十七条规定，奶畜养殖者对挤奶设施、生鲜乳贮存设施等应当及时清洗、消毒，避免对生鲜乳造成污染。《生鲜乳生产收购管理办法》第十三条规定，奶畜养殖者对挤奶设施、生鲜乳贮存设施等应当在使用前后及时进行清洗、消毒，避免对生鲜乳造成污染，并建立清洗、消毒记录。《生鲜乳生产收购记录和进货查验制度》第十四条规定，生鲜乳收购站应当对挤奶设施、生鲜乳贮存运输设施、挤奶厅和周边环境等进行定期清洗消毒，避免对生鲜乳造成污染，并填写《设施设备清洗消毒记录》。

（21）"第 21 条　生鲜乳留样及管理，每批次生鲜乳应留样并有留样记录，留样设有专门留样柜，能满足样品的存放，留样低温保存"的条文解释

答：检查生鲜乳收购站留样记录。

农业部关于印发《生鲜乳收购站标准化管理技术规范》的通知中条文 3.1 规定，收购的生鲜乳应留存样品，并做好采样编号、记录登记。样品应冷冻保存，并至少保留 10 天，便于质量溯源和责任追究。《生鲜乳生产收购记录和进货查验制度》第十一条规定，生鲜乳收购站收购生鲜乳，应当按照现行标准或规范进行生鲜乳的抽样和留样，并按照《生乳》国家标准进行酸度、密度、含碱等常规检测，并填写《生鲜乳收购记录》《生鲜乳检测记录》和《生鲜乳留样记录》。

 17 "生鲜乳运输车现场检查单"条文解释

(1)"第 1 条 生鲜乳准运证明，验证当地畜牧兽医主管部门核发的生鲜乳准运证明的有效性"的条文解释

答：检查生鲜乳运输车辆具备有效的生鲜乳准运证明。

《乳品质量安全监督管理条例》第二十五条规定，生鲜乳运输车辆应取得所在地县级人民政府畜牧兽医主管部门核发的生鲜乳准运证明。准运证明式样由省、自治区、直辖市人民政府畜牧兽医主管部门制定。《生鲜乳生产收购管理办法》第二十六条规定，运输生鲜乳的车辆应当取得所在地县级人民政府畜牧兽医主管部门核发的生鲜乳准运证明。无生鲜乳准运证明的车辆，不得从事生鲜乳运输。

（2）"第 2 条　生鲜乳交接单，验证当日生鲜乳交接单，且内容填写真实、完整、清晰"的条文解释

答：检查生鲜乳运输车是否随车携带生鲜乳交接单。

《乳品质量安全监督管理条例》第二十五条规定，生鲜乳运输车辆应随车携带生鲜乳交接单。交接单应当载明生鲜乳收购站的名称、生鲜乳数量、交接时间，并由生鲜乳收购站经手人、押运员、司机、收奶员签字。交接单式样由省、自治区、直辖市人民政府畜牧兽医主管部门制定。《生鲜乳生产收购管理办法》第三十条规定，生鲜乳运输车辆应当随车携带生鲜乳交接单。生鲜乳交接单应当载明生鲜乳收购站名称、运输车辆牌照、装运数量、装运时间、装运时生鲜乳温度等内容，并由生鲜乳收购站经手人、押运员、驾驶员、收奶员签字。

（3）"第 3 条　生鲜乳运输罐，生鲜乳运输罐应坚硬、光滑、防腐、方便反复冲洗"的条文解释

答：检查生鲜乳运输罐是否坚硬、光滑、防腐、方便反复冲洗。

《生鲜乳生产收购管理办法》第二十七条规定，生鲜乳运输车辆应当具备以下条件：（一）奶罐隔热、保温，内壁由防腐蚀材料制造，对生鲜乳质量安全没有影响；（二）奶罐外壁用坚硬光滑、防腐、可冲洗的防水材料制造……（四）奶罐密封材料耐脂肪、无毒，在温度正常的情况下具有耐清洗剂的能力；（五）奶车顶盖装置、通气和防尘罩设计合理，防止奶罐和生鲜乳受到污染。

(4)"第 4 条　生鲜乳运输罐密封情况，生鲜乳运输罐密封情况密封效果良好"的文件依据

答：检查生鲜乳运输罐的密封情况，是否有铅封。

《生鲜乳生产收购管理办法》第二十七条规定，生鲜乳运输车辆应当具备以下条件：（三）奶罐设有奶样存放舱和装备隔离箱，保持清洁卫生，避免尘土污染。

农业部关于印发《生鲜乳收购站标准化管理技术规范》的通知中条文 7.2 规定生鲜乳运输罐在起运前应加铅封，严防在运输途中向奶罐内加入任何物质。

(5)"第 5 条　相关人员健康证明，从事生鲜乳运输的驾驶员、押运员应携带有效的健康证明。"的条文解释

答：检查驾驶员和押运员的有效健康证明。

《生鲜乳生产收购管理办法》第二十九条规定，从事生鲜乳运输的驾驶员、押运员应当持有有效的健康证明，并具有保持生鲜乳质量安全的基本知识。

第四章 检测工作

18 各监测指标的检测依据和判定依据

答：（1）三聚氰胺

可采用快速法进行初步筛选，初筛阳性的样品采用《原料乳与乳制品中三聚氰胺检测方法》（GB/T 22388—2008）第二法或第三法进行确证，并依据《卫生部 工业和信息化部 农业部 国家工商行政管理总局 国家质检总局公告 2011 年第 10 号——关于三聚氰胺在食品中的限量值的公告》进行判定，含量大于 2.5 mg/kg 即为不合格。

（2）碱类物质

依据《生乳中碱类物质的测定》（T/TDSTIA 017—2019）进行检测，检测结果超出此方法检出限即判定为不合格。

（3）β- 内酰胺酶

可采用快速法进行初步筛选，初筛阳性的样品依据《生乳中 β - 内酰胺酶的测定》（NY/T 3313—2018）（第一法）进行确证，结果呈阳性即判定为不合格。

（4）硫氰酸钠

依据《生乳中硫氰酸根的测定 离子色谱法》（NY/T

3513—2019）进行检测，检测结果不做判定。

（5）铅

依据《食品安全国家标准　食品中铅的测定》（GB 5009.12—2017）进行检测，根据《食品安全国家标准　生乳》（GB 19301—2010）进行判定，含量大于 0.05 mg/kg 即为不合格。

（6）铬

依据《食品安全国家标准　食品中铬的测定》（GB 5009.123—2014）或《食品安全国家标准　食品中多元素的测定》（GB 5009.268—2016）进行检测，根据《食品安全国家标准　生乳》（GB 19301—2010）进行判定，含量大于 0.3 mg/kg 即为不合格。

（7）汞

依据《食品安全国家标准　食品中总汞及有机汞的测定》（GB 5009.17—2014）或《食品安全国家标准　食品中多元素的测定》（GB 5009.268—2016）检测总汞，根据《食品安全国家标准　生乳》（GB 19301—2010）进行判定，总汞含量大于 0.01 mg/kg 即为不合格。

（8）砷

依据《食品安全国家标准　食品中总砷及无机砷的测定》（GB 5009.11—2014）或《食品安全国家标准　食品中多元素的测定》（GB 5009.268—2016）检测总砷，根据《食品安全国家标准　生乳》（GB 19301—2010）进行判定，总砷含量大于 0.1 mg/kg 即为不合格。

（9）黄曲霉毒素 M_1

可采用快速法进行初步筛选，初筛阳性的样品采用《食品安全国家标准 食品中黄曲霉毒素 M 族的测定》（GB 5009.24—2016）第一法或第二法进行确证。依据《食品安全国家标准 生乳》（GB 19301—2010）进行判定，含量大于 0.5 μg/kg 即为不合格。

（10）体细胞数

依据《生鲜牛乳中体细胞的测定方法》（NY/T 800—2004）进行检测，检测结果不做判定。

（11）冰点

依据《食品安全国家标准 生乳冰点的测定》（GB 5413.38—2016）进行检测，检测结果不做判定。

（12）酸度

依据《食品安全国家标准 食品酸度的测定》（GB 5009.239—2016）进行检测，检测结果不做判定。

（13）非乳脂固体

依据《食品安全国家标准 乳和乳制品中非脂乳固体的测定》（GB 5413.39—2010）进行检测，检测结果不做判定。

（14）杂质度

依据《食品安全国家标准 乳和乳制品杂质度的测定》（GB 5413.30—2016）进行检测，检测结果不做判定。

（15）相对密度

依据《食品安全国家标准 食品相对密度的测定》

（GB 5009.2—2016）进行检测，检测结果不做判定。

（16）蛋白质

依据《食品安全国家标准 食品中蛋白质的测定》（GB 5009.5—2016）进行检测，检测结果不做判定。

（17）脂肪

依据《食品安全国家标准 食品中脂肪的测定》（GB 5009.6—2016）进行检测，检测结果不做判定。

（18）菌落总数

依据《食品安全国家标准 食品微生物学检验 菌落总数测定》（GB 4789.2—2016）进行检测，检测结果不做判定。

（19）苯甲酸

依据《食品安全国家标准 食品中苯甲酸、山梨酸和糖精钠的测定》（GB 5009.28—2016）进行检测，检测结果不做判定。

 19 快速检测方法初筛的指标和检出限

答：三聚氰胺、黄曲霉毒素 M_1 和 β- 内酰胺酶可采用快速法进行初步筛选。

其中，三聚氰胺快速检测方法的检出限原则上不高于 0.05 mg/kg，黄曲霉毒素 M_1 的快速检测方法的检出限不高于 0.03 μg/kg，生羊乳样品 β- 内酰胺酶快速检测法的检出限不高于 3 U/mL、生水牛乳样品 β-内酰胺酶快速检测法的检出限不高于 1 U/mL，其他样品快速检测法的检出限不高于 4 U/mL。建议实验室在使用速测产品前开展内部试剂盒验证工作。

 20　硫氰酸钠的检出限及定量限

答：硫氰酸钠依据《生乳中硫氰酸根的测定　离子色谱法》（NY/T 3513—2019）进行检测，方法检出限和定量限分别为 0.25 mg/kg 和 0.75 mg/kg。硫氰酸根和硫氰酸钠之间的转换系数是 1.40，样品测得硫氰酸根含量后乘以换算系数 1.40，即得出硫氰酸钠的含量。由此推算方法对硫氰酸钠的检出限和定量限分别为 0.35 mg/kg 和 1.05 mg/kg。

 21　杂质度测定标准板的选择

答：参照《食品安全国家标准　乳和乳制品杂质度的测定》（GB 5413.30—2016）进行检测，选择 2016 版液体乳杂质度标准板定量，2016 版标准板中适用于生乳中杂质度结果的表述有：0.00 mg/L、0.25 mg/L、0.50 mg/L、0.75 mg/L 共 4 个含量点。

22 检测相对密度的密度计规格及检测温度

答：按照《食品安全国家标准 食品相对密度的测定》（GB 5009.2—2016）标准开展检测，密度计选用1.0～1.1 的规格，试样温度应保持在 20℃，分别测试试样和水的密度，两者比值即为试样相对密度。

 23 生乳中氮折算成蛋白质的折算系数

答：《食品安全国家标准 食品中蛋白质的测定》（GB 5009.5—2016）附录 A 中规定纯乳与纯乳制品中的氮折算成蛋白质的折算系数是 6.38。

第五章 质量控制

 24 生鲜乳质量安全监测项目检测要求

答：生鲜乳质量安全监测项目检测要求如下。

（1）检测人员应熟悉受检样品的检测技术标准及相关程序文件要求，经过培训和考核后，持证上岗。

（2）检测仪器设备应在检定有效期内，试剂和标准物质应在有效期内，实验环境条件应符合检测要求。

（3）当采用快速法筛选时，应对采用的快速检测产品进行验证评价，确保满足检测要求。

（4）检测时应采取内部质量控制措施。认真填写检测原始记录，原始记录字迹要工整、清晰，信息要准确、全面。准确使用计算公式、计量单位和相关符号，计算结果允许误差应符合标准规定，保证数据处理和计算无误。对筛选出的疑似阳性样品应进行确证。对于现场检测的项目应按检测标准或方法的要求确定检测条件。

25 实验室内部复检要求

在检测过程中，如出现以下问题，应按要求复检。①对临界值、离散数据、不符合标准规定的检出限的检测结果应进行复检。②检测过程中发现异常情况（如停水、停电、仪器故障、环境变化等）有可能影响检验结果时应进行复检。③各级审核人员对检测结果提出异议的，检测人员又解释不清的，应进行复检。

 26 实验室内部质量控制的方法

答：实验室内部的质量控制可包括但不限于以下方式：①使用标准物质或质量控制物质；②使用其他经检定／校准可溯源结果的仪器；③测量和校准设备的功能核查；④使用核查或工作标准，并制作控制图；⑤测量设备的期间核查；⑥使用相同或不同方法重复检测或校准；⑦留存样品的重复检测；⑧物品不同特性结果之间的相关性；⑨审查报告的结果；⑩不同人员的比对；⑪盲样测试。

 27 检测中的质量控制样品

答：质量控制样品包括但不限于以下：①试剂空白。

不含待测成分，或用等量的溶剂代替待测部分，执行全部分析过程。②基质空白。不含有待测物质的与待测样品基质相同或相近的样品。③添加样品。空白样品中添加所需检测的分析物。④盲样。由管理人员配发的样品，可以是实物标样或加标样品。每批次检测时质量控制样与待检测样品要同时分析（包括提取、净化、上机测定），以监控整个分析过程。

 28 **参加生鲜乳质量安全能力验证比对考核的要求**

　　答：承担生鲜乳质量安全监测工作的任务单位均要参加农业农村部畜牧兽医局举办的生鲜乳质量安全能力验证比对考核工作。

 29 **样品采集后检测前样品处理条件**

　　答：可依据农业行业标准《生乳安全指标监测前样品前处理规范》（NY/T 3051—2016）中相关要求处理。

　　（1）监测铅、汞、砷、铬含量的生乳样品，若样品经过 0～6℃冷藏保存，冷藏时间不应超过 48 h；若样品经过冷冻（−20℃左右）保存，冷冻时间不应超过 30 天，复温温度不应超过 60℃，解冻次数不应超过 5 次；如有必要，可添加硫氰酸钠、叠氮钠、重铬酸钾、溴硝丙二醇或甲醛作为防腐剂。

（2）监测真菌毒素（黄曲霉毒素 M_1）含量的生乳样品，若样品经过 0～6℃冷藏保存，冷藏时间不应超过48 h；若样品经过冷冻（-20℃左右）保存，冷冻时间不应超过30天，复温温度不应超过60℃，解冻次数不应超过5次；如有必要，可添加硫氰酸钠、叠氮钠、重铬酸钾、溴硝丙二醇或甲醛作为防腐剂。

（3）监测微生物（菌落总数）含量的生乳样品，应在冷藏状态（0～6℃）下、24 h 之内，进行测定。

（4）监测三聚氰胺含量的生乳样品，若样品经过0～6℃冷藏保存，冷藏时间不应超过48 h；若样品经过冷冻（-20℃左右）保存，冷冻时间不应超过30天，复温温度不应超过60℃，解冻次数不应超过5次；如有必要，可添加硫氰酸钠、叠氮钠、重铬酸钾、溴硝丙二醇或甲醛作为防腐剂。

（5）监测碱类物质含量的生乳样品，若样品经过0～6℃冷藏保存，冷藏时间不应超过48 h；若样品经过冷冻（-20℃左右）保存，冷冻时间不应超过30天，复温温度不应超过60℃，解冻次数不应超过3次；不应添加溴硝丙二醇作为防腐剂，如有必要，可添加硫氰酸钠、叠氮钠、重铬酸钾或甲醛作为防腐剂。

（6）监测硫氰酸钠含量的生乳样品，若样品经过0～6℃冷藏保存，冷藏时间不应超过48 h；若样品经过冷冻（-20℃左右）保存，冷冻时间不应超过30天，复温温度不应超过 60℃，解冻次数不应超过 5 次；不应添加硫氰酸钠、溴硝丙二醇或甲醛作为防腐剂，如有必要，可添加叠氮钠或重铬酸钾作为防腐剂。

（7）监测 β- 内酰胺酶的生乳样品，若样品经过 0～6℃冷藏保存，冷藏时间不应超过 48 h；若样品经过冷冻（−20℃左右）保存，冷冻时间不应超过 30 天，复温温度不应超过 60℃，解冻次数不应超过 5 次；不应添加叠氮钠或重铬酸钾作为防腐剂，如有必要，可添加硫氰酸钠、溴硝丙二醇或甲醛作为防腐剂。

第六章 结果上报

30 生鲜乳质量安全监测工作结果反馈形式

答：按照生鲜乳质量安全监测计划的规定，各任务单位完成每次抽检任务后，需形成总结报告报送牵头单位，并通过"奶业监管平台"报送具体检测结果。

31 结果上报系统中对检测结果表达格式的要求

答：详见下表。

检测指标	检测结果表达方式		
三聚氰胺	小于检出限	小于定量限	具体数值
硫氰酸钠	小于检出限	小于定量限	具体数值
碱类物质	未检出	检出	—
β - 内酰胺酶	未检出	检出	—
黄曲霉毒素 M_1	小于检出限	小于定量限	具体数值
铅	小于检出限	小于定量限	具体数值
铬	小于检出限	小于定量限	具体数值

续表

检测指标	检测结果表达方式		
汞	小于检出限	小于定量限	具体数值
砷	小于检出限	小于定量限	具体数值
冰点	具体数值		
杂质度	具体数值		
相对密度	具体数值		
酸度	具体数值		
蛋白质	具体数值		
脂肪	具体数值		
非脂乳固体	具体数值		
体细胞	具体数值（不能科学计数）		
菌落总数	具体数值（不能科学计数）		

 32 **结果上报系统中对各检测指标结果单位的要求**

答：三聚氰胺、硫氰酸钠、铅、铬、汞、砷、杂质度结果单位为"mg/kg"；

蛋白质、脂肪、非脂乳固体结果单位为"g/100 g"；

冰点结果单位为"℃"；

酸度结果单位为"°T"；

菌落总数结果单位为"CFU/mL"；

体细胞数结果单位为"个/mL"。

33　快速法检测结果的应用

答：三聚氰胺、β-内酰胺酶和黄曲霉毒素 M_1 可采用试剂盒法初筛，初筛结果为小于检出限时直接上报检测结果，初筛结果大于检出限时，需要采用指定的国标或行标方法上机确证。试剂盒检测方法获得的大于检出限的数据不可以作为最终结果上报系统。

34　不合格样品异议处理流程

答：检测结果不合格时，任务单位应当在确认后 24 h 内将检测报告报送受检单位所在地的畜牧兽医主管部门，并督促畜牧兽医主管部门当天通知到受检单位。受检单位对检测结果有异议的，应在接到检测结果之日起 5 日内，向承担单位提出书面异议申请，逾期未提出异议的，视为认可检测结果。承担单位收到受检单位异议申请后，应当在 10 日内做出书面答复。

第七章　抽样和结果上报系统使用

35　　抽样过程需要提交的照片

　　答：收购站抽样照片包含：收购许可证、奶罐取样、现场封样、交接单。

　　运输车抽样照片包含：收购许可证、准运证明、奶罐取样、现场封样、交接单。

　　防止网络问题导致照片丢失，可先通过手机拍照，上传照片时选择相册内照片。

36　　抽样时，系统中部分信息自动生成注意修改

　　答：采用奶业监管系统抽样时，为方便填写，样品编号、交奶去向、样品类型、联系人等信息将自动生成，故样品编号不连续、样品类型和抽样地点发生变更后，应逐项检查抽样单信息填写是否准确无误。

37　结果上报后错误数据修改流程

答：第一步，撰写数据修改说明加盖公章并扫描成电子版；第二步，在系统中申请撤回数据录入错误的样品，系统申请撤回时提交电子版数据修改说明；第三步，待牵头单位批复后修改数据重新提交。

第八章 工作纪律

 38 项目检测费用要求

答：承担单位不得参与以生鲜乳监督检查等名目开展的任何形式的有偿活动，不得向受检单位颁发生鲜乳监督检查合格证书等。承担单位不得向受检单位收取检测费用。

 39 项目工作保密性要求

答：承担单位对有关抽样方案、受检单位名单等具体安排应严格保密，不得泄露给任务下达部门以外的单位和个人。承担单位未经农业农村部许可不得向其他任何单位和个人透露检测结果。

 40 项目人员要求

答：已封样品在送达实验室之前，任何人不得擅自开封或更换，否则该样品作废，并追究相关人员的责任。承担单位如发现抽样人员抽样行为不规范，应立即停止有关抽样人员的抽样工作，并按有关规定及时纠正。检测人员应严格按照实验室管理规范完成检测工作。

附录1

生鲜乳收购站标准化管理现场检查单

检查编号：_____　　　收购站证号：_____

收 购 站：_____　　　检 查 时 间：_____

检查地点：_____省_____市_____县（区）_____乡（镇）_____村

序号	检查内容	判定标准	类别	单项结论
1	生鲜乳收购许可证	验证当地畜牧兽医主管部门颁发的生鲜乳收购许可证的有效性。	A	
2	生鲜乳收购站开办主体	查验生鲜乳收购证原件或复印件，检查开办主体是否为取得工商登记的乳制品生产企业、奶畜养殖场或奶农专业生产合作社。	A	
3	生鲜乳的制冷与储存	挤贮奶后2小时，贮存生鲜乳的容器温度应降至0~4℃，并有相关记录。	A	
4	有毒、有害化学品管理	站内许可使用的化学物质和产品应专人加锁保管，单独存放，挤奶厅、贮奶间不得堆放任何化学物品。	A	
5	生鲜乳交接单	收购站应保留每天的生鲜乳交接单，且内容填写真实完整，签字规范。	A	
6	建设位置	应建在养殖场（小区）的上风处或中部侧面，距离牛舍50~100米，有专用的运输通道，不可与污道交叉。	B	
7	功能区划分	应设有挤贮奶厅、待挤区、设备室、储奶厅、更衣室、化验室、办公室等区域。	B	
8	收奶量配套的收购能力	有与收奶量相适应的冷却、冷藏、保鲜设施设备。	B	
9	化验检测能力	有与检测项目相适应的化验、计量、检测仪器设备，并有化验记录。	B	
10	挤奶制度	应在挤奶厅公示挤奶卫生、操作制度与责任制等制度。	B	
11	挤奶厅环境	应干净、无粪尿，挤奶区、贮奶间墙面与地面应进行防水防滑处理。	B	
12	挤前3把奶的容器	应有挤前3把奶的容器，挤奶时专门使用。	B	
13	挤奶、输奶器具的清洗	挤奶、输奶器具管状物应清洁，无污垢。	B	
14	挤奶机的维护	挤奶机应进行定期检测与维护，并有相关记录。	B	
15	贮奶罐的管理	应有带制冷设备的贮奶罐，保持封闭状态，其辅助设备装置应清洁。	B	
16	贮奶间（室）的管理	贮奶间（室）应干净整洁，没有杂物堆放，周边地面硬化无积水。	B	
17	从业人员要求	应经相关培训合格并持有有效健康证明。	B	
18	生鲜乳收购站制度	应有卫生保障、质量安全保障、人员管理等较完善的管理制度。	B	
19	生鲜乳收购站记录情况	应存留生鲜乳收购、销售、检测和不合格生鲜乳处理记录，且记录真实、完整、连续保存。	B	
20	收购站设备清洗记录	应存留挤奶、储存等设备设施清洗消毒记录。	B	
21	生鲜乳留样及管理	每批次生鲜乳应留样并有留样记录，留样设有专门留样柜，能满足样品的存放，留样低温保存。	B	
总体判定				

判定方法：
1. 关键项（A）全部符合，且重要项（B）少于四项（含四项）不符合，则判定为达标（√）。
2. 关键项（A）一项不符合或重要项（B）四项以上不符合，则判定为不达标（×）。
3. 对于无挤奶设备的收购站，10~14项不作判定，关键项（A）全部符合，且重要项（B）少于三项（含三项）不符合，则判定为达标（√）；关键项（A）一项不符合或重要项（B）三项以上不符合，则判定为不达标（×）。

备注：

受检单位负责人（签名）：_____　　质检单位检查人员（签名）：_____

当地畜牧（奶业）主管部门检查人员（签名）：_____

注：检查表一式三联，第一联由质检单位留存；第二联由受检单位留存；第三联由当地畜牧兽医（奶业）主管部门留存。

附录 2

生鲜乳运输车现场检查单

检 查 编 号：_____   车 牌 号：_____
准运证明编号：_____   检 查 时 间：_____
检查地点 (省市县＋乳品厂名称)：_____

序号	检查内容	判定标准	类别	单项结论
1	生鲜乳准运证明	验证当地畜牧兽医主管部门核发的生鲜乳准运证明的有效性。	A	
2	生鲜乳交接单	验证当日生鲜乳交接单，且内容填写真实、完整、清晰。	A	
3	生鲜乳运输罐	应坚硬、光滑、防腐、方便反复冲洗。	B	
4	生鲜乳运输罐密封情况	密封效果良好。	B	
5	相关人员健康证明	从事生鲜乳运输的驾驶员、押运员应携带有效的健康证明。	B	
	总 体 判 定			
备注：				

判定方法：
1. 关键项（A）全部符合，且重要项（B）少于二项（含二项）不符合，则判定为达标（√）。
2. 关键项（A）一项不符合或重要项（B）二项以上不符合，则判定为不达标（×）。

受检单位负责人（签名）：_____
质检单位检查人员（签名）：_____
当地畜牧（奶业）主管部门检查人员（签名）：_____
质检单位检查人员（签名）：_____

　　注：本检查表一式三联，第一联由质检单位留存；第二联由受检单位留存；第三联由当地畜牧兽医（奶业）主管部门留存。